DE LA

SYNONYMIE DES VIGNES

ET DE

LEUR CLASSIFICATION.

BORDEAUX. — IMPR. DE F. DEGRÉTEAU ET Cie.

DE LA

SYNONYMIE DES VIGNES

ET DE

LEUR CLASSIFICATION ;

Par M. Armand d'ARMAILHACQ.

(Extrait du CONGRÈS SCIENTIFIQUE DE FRANCE, 28e Session, T. IV.)

BORDEAUX
IMPRIMERIE & LIBRAIRIE MAISON LAFARGUE
L. CODERC, F. DEGRÉTEAU & J. POUJOL, SUCCESSEURS
Rue du Pas Saint-Georges, 28.

1863

DE LA

SYNONYMIE DES VIGNES

ET DE

LEUR CLASSIFICATION.

Messieurs,

Il est possible que la question sur laquelle je viens émettre quelques idées, paraisse n'avoir qu'une importance secondaire; cependant, je suis convaincu qu'elle en a beaucoup plus qu'on ne le croira peut-être au premier aperçu, car c'est d'elle que dépendent tous les progrès de la culture des vignes. Je veux parler de la connaissance des diverses variétés de cet arbuste précieux.

On dira, sans doute, que c'est plutôt une question de curiosité botanique et scientifique que d'agriculture; je crois que ce serait une erreur. Certainement, elle peut être envisagée et traitée sous le premier point de vue, mais elle peut aussi l'être sous le rapport de la viticulture, et c'est principalement sous celui-ci que je viens en parler.

La culture de la vigne occupe trop de place sur le sol français, la production du vin est un élément trop influent de nos richesses territoriales, pour que la connaissance des diverses espèces de vignes qui produisent ce vin n'offre pas un intérêt du premier ordre; et, néanmoins, au milieu du progrès général dont nous voyons l'admirable spectacle, la viticulture reste à-peu-près ce qu'elle était il y a des siècles, et ne nous offre pas même de loin les progrès que nous remarquons dans les autres branches de l'agriculture, et spécialement dans celle qui se rapporte à la culture des arbres.

Si l'on considère celle des arbres fruitiers en particulier, on est bientôt convaincu de cette vérité qu'elle est parvenue à une perfection presque incroyable.

Plusieurs d'entre eux, dont la végétation était peu connue il y a quelques années, sont aujourd'hui soumis à la volonté du jardinier, qui fait venir des branches où il veut, qui obtient des boutons à fruit où il lui plaît, et qui en règle le produit selon ses désirs.

Dans le nombre infini de fruits qu'il sait obtenir à son choix, chacun a son nom particulier, généralement adopté dans toute la France, de sorte qu'on ne peut jamais le confondre avec un autre; chaque espèce, chaque variété, est définie et décrite, et son nom est le même partout, sans qu'aucune confusion soit possible. On sait la terre qui lui convient le mieux, l'exposition qui la favorise le plus, le soleil qu'il lui faut donner ou lui cacher; la quantité d'eau, les arrosements ou irrigations, sa taille d'hiver ou d'été, les pincements à faire, etc., etc. Tout cela a été étudié et constaté avec une perfection qui ne laisse rien à désirer.

On a fait toutes ces études pour des arbres dont les fruits sont d'une importance secondaire; on l'a fait pour des arbustes qui ne portent que des fleurs, et qui ne se recommandent que par leur agrément, et on ne le fait pas pour celui qui est le plus précieux de tous.

Parmi tous ces végétaux si admirablement connus et cultivés, je crois qu'il n'en est qu'un qui fasse exception au progrès général, c'est la vigne.

Ceci paraîtra peut-être paradoxal ou tout au moins exagéré. Eh bien! si l'on veut se rendre compte de ce qui en est, on conviendra bientôt avec moi que l'étude de cet arbuste si utile est bien loin d'avoir atteint la perfection à laquelle on est parvenu pour les autres.

Ici, tout est confusion; aucune connaissance exacte, aucun principe fixe; chaque contrée cultive les espèces qu'on y a cultivées de tout temps, et suit ses anciens usages; on n'y profite nullement de ce qui se fait à une petite distance; les méthodes de culture sont aujourd'hui ce qu'elles étaient autrefois, les variétés cultivées n'ont pas changé. Si quelque propriétaire a voulu importer dans son vignoble des cépages nouveaux ou quelque procédé inusité, il est resté seul; il n'a pas été imité.

On m'arrêtera, peut-être, et l'on me dira : Vous êtes dans l'erreur, allez à Thomery ou à Fontainebleau, et vous verrez si l'art de cultiver la vigne n'a pas fait de progrès! Je ne le nie pas, et je conviens qu'en effet on y excelle dans les pratiques les mieux entendues pour obtenir de bons chasselas : j'avouerai même que là où l'on veut obtenir d'autres raisins de table, on a réellement fait des progrès pour produire quelques espèces choisies; mais ceci est du ressort de l'horticulture, et il en est tout autrement pour les vignes dont on consacre les raisins à faire du vin.

Le Gouvernement l'a si bien senti, qu'il a fait tout ce qui dépendait de lui pour exciter l'émulation des viticulteurs; nous avons des concours pour la taille des vignes, des comices agricoles où l'on distribue des prix pour cette taille, et de fort belles réunions; mais, jusqu'à présent, tout cela n'a pas produit un grand effet.

Il faut le dire, les études et les essais n'ont pas été dirigés vers la viticulture, mais vers l'art de faire le vin, vers la fermentation et la vinification; on a surtout perfectionné l'art de mélanger les vins, même celui d'en fabriquer avec toutes sortes de substances ; mais on n'a pas cherché les moyens d'avoir de meilleurs raisins, ce qui eût été bien préférable.

On m'arrêtera encore, et l'on me dira : Mais vous ignorez donc les nouveaux systèmes de viticulture proposés? Lisez le journal d'*Agriculture pratique* et les autres publications nouvelles ; ouvrez les yeux, instruisez-vous, et vous ne contesterez plus les progrès qu'a faits la viticulture.

Il est vrai, divers procédés nouveaux ont été proposés, comme offrant une perfection complète. Je ne l'ignore pas, mais je crois pouvoir contester qu'ils puissent s'appliquer à toutes les variétés de la vigne et pour toutes sortes de vins ; ce sont des méthodes qui ne reposent sur aucune connaissance nouvelle, et qui, ne tenant pas compte des particularités propres à chaque espèce de vigne, ne peuvent être partout et toujours également bonnes. Qu'il me soit permis d'y jeter un coup-d'œil rapide, de rappeler les principales de ces méthodes, et on en sera convaincu.

Je crois pouvoir résumer les systèmes qui ont été préconisés depuis quelques années, comme offrant de véritables progrès, en rappelant les trois principaux : ce sont ceux de M. le docteur Guyot, développés dans le journal d'*Agriculture pratique* ; celui de M. Georges, le professeur d'arboriculture du département de la Gironde, et celui dont M. Laliman a entretenu le Congrès.

M. Guyot taille les vignes en y laissant d'un côté une longue branche prolongée horizontalement sur un fil de fer très-peu élevé au-dessus de terre, et allant joindre le cep voisin ; en outre, il y laisse un courson de deux ou trois boutons, qui doit produire une branche propre à remplacer, l'année suivante, celle qui a été couchée ; c'est, avec une légère modification, le système adopté depuis longtemps dans le Médoc.

M. Georges, au lieu d'une longue branche couchée et changée chaque année, établit des cordons permanents, à-peu-près à la même distance du sol, et il y laisse des coursons à chaque nœud ; ces coursons seuls sont renouvelés non pas chaque année, mais au bout de peu d'années.

Ainsi, ces deux systèmes sont entièrement opposés dans leur principe : le premier offre la taille à longues astes ; le second, c'est la taille à court-bois, à-peu-près telle qu'on la pratique pour les treilles, mais plus près de terre.

M. Laliman, au lieu de former ses cordons aussi bas, les élève d'un mètre 50 c. à 1 m. 80, et il plante la vigne à de très-grandes distances, à environ 2 mètres, de sorte que le terrain est tout-à-fait dégagé de la vigne, et qu'il peut être consacré à d'autres cultures.

Ces cordons élevés offrent, comme ceux de M. Georges, plusieurs coursons de trois à quatre boutons, et en outre, il laisse à l'extrémité une longue branche à vin, qu'on allonge chaque année, de telle façon qu'au bout de quelques temps, ces branches et les coursons, offrent une longue suite de raisins à hauteur d'homme. C'est un mélange des deux systèmes précédents, et cela peut être fort avantageux dans des terrains très-fertiles comme ceux des palus et des alluvions de la Garonne où M. Laliman l'a établi.

La méthode à cordons élevés paraît donc offrir de très-bons résultats. C'est à-peu-près celle que nous indique Columelle, qui s'est conservée depuis les Romains jusqu'à nos jours en Italie ; elle convient parfaitement au climat chaud et au sol fertile de la Lombardie ; cependant il est fort douteux qu'elle puisse convenir aussi bien dans des terrains moins féconds et dans des climats plus froids.

Et d'abord je demanderai, si ces divers procédés constituent un véritable progrès ; y a-t-il un principe nouveau, une découverte réelle ? Il me semble que c'est tout au plus de l'art, et que ce n'est pas de la science.

Ensuite ces procédés sont-ils applicables partout, dans tous les terrains et à tous les cépages ? Leurs auteurs le prétendent ; toutefois il est fort permis d'en douter.

Ce qu'on ne considère pas assez, c'est que pour faire une application judicieuse des diverses méthodes de viticulture, il est indispensable de savoir quels sont les espèces de vignes auxquelles on veut les appliquer; car il est positif que chaque variété doit être dirigée et cultivée d'une façon différente; quoique certains professeurs veuillent le contester, c'est une vérité constatée par l'expérience.

On parle toujours de la vigne en général et comme si c'était une plante unique, on ne dit rien des différences essentielles et profondes qui existent entre les divers cépages; et cependant c'est le point essentiel, sans cela pas de progrès possible; on ne pourra parvenir à un véritable perfectionnement que lorsqu'on indiquera les particularités que présentent chacun d'eux, et la culture spéciale qui leur est propre; tant que l'on continuera à les confondre, on n'arrivera pas.

La connaissance des cépages est la clef de la viticulture, et c'est à bon droit que les praticiens se défient des méthodes générales, qui ne tiennent pas compte de leurs diversités. Souvent ce perfectionnement prétendu, quoique réel, ne l'est que relativement à une espèce sur laquelle on l'a pratiqué, et ne convient nullement à d'autres; le moindre vigneron sait fort bien, qu'on ne doit pas tailler et cultiver par exemple, la vigne blanche comme celle qui produit des raisins noirs.

Tout bon viticulteur n'ignore pas, que les vignes qui produisent une grande quantité de raisins, ne donnent que du vin médiocre, et qu'il faut renoncer à ces espèces si l'on veut en avoir d'une qualité distinguée, tandis que, au contraire, on doit renoncer aux espèces délicates, toutes fort avares de leurs fruits, si l'on est obligé de viser à l'abondance.

Vouloir dans des positions différentes appliquer une même méthode, c'est évidemment se préparer des déceptions.

Et en effet, tel cépage doit, pour produire convenablement être taillé à court-bois; tel autre à plus longues branches, parce qu'il ne paraît pas de raisins sur les yeux de la base des branches. L'un n'offre que de petits sarments, l'autre les prolonge beaucoup plus loin : celui-ci les redresse verticalement et peut fort bien être cultivé sans aucun soutien ; ceux de celui-là rampent sur la terre et il est indispensable de leur donner des appuis. Il en est que la plus petite gelée détruit, d'autres qui y résistent beaucoup mieux. Enfin les uns exigent un sol fertile, tandis que les autres prospèrent dans des terres très-stériles.

La maturité des raisins n'arrive pas à la même époque, et certains d'entre eux mûrissent quinze et vingt jours avant certains autres : en outre, ils se conservent plus ou moins longtemps : on en voit qui sont détruits deux ou trois jours après qu'ils sont mûrs, tandis que les raisins de quelques espèces se conservent jusqu'à plusieurs semaines sans offrir jamais de pourriture.

Le sol qui convient à chacun d'eux est très-différent. Il y en a de particuliers à toutes les natures de terrains ; les fortes graves, les sables, les fonds marneux, calcaires, argileux, granitiques, ont chacun un ou plusieurs cépages qui s'y plaisent et y prospèrent infiniment mieux que d'autres. Et le climat, ne faut-il pas y avoir égard ? Peut-on procéder en Bourgogne comme en Médoc, en Touraine comme en Provence ? Il suffit d'ouvrir les yeux pour voir que ce n'est pas possible : et on ne veut pas tenir compte de ces particularités !

Il y a plus : le but que se propose le viticulteur est encore à considérer, et exige qu'il cultive une vigne particulière et qu'il la soigne d'une manière appropriée à son but. Ici, l'on veut convertir le vin en eau-de-vie ; là, on a projeté de faire du vin blanc, ou sec ou liquoreux ; ailleurs c'est du vin très-fortement coloré pour opérer des coupages : celui-ci veut faire du vin d'ordinaire, celui-là du vin de dessert. Ces différences ne doivent-elles pas nécessiter des espèces diverses et des procédés de culture variés ?

Et d'ailleurs, le prix qu'on obtient du vin qu'on récolte n'est-il pas un élément important à considérer ? Ce n'est pas par curiosité qu'on cultive, c'est pour avoir un bénéfice, un revenu. Or, une culture trop dispendieuse, peut-elle convenir partout ? On conçoit que lorsqu'on vend le vin à un prix fort élevé, on puisse supporter de grandes dépenses ; mais, quand il n'a qu'une mince valeur, l'économie est la première condition ; il faut donc des méthodes moins coûteuses.

Plus on étudiera cette question, plus on sera convaincu de ces vérités : 1° qu'une méthode unique ne peut être adoptée partout ; 2° que, pour soigner la vigne avec perfection, il est indispensable d'être bien fixé sur les qualités particulières de chaque espèce, ainsi que sur leurs propriétés et leurs exigences diverses ; 3° qu'on doit approprier ces procédés de culture à la qualité des vins que l'on veut produire.

Je crois pouvoir tirer de ces observations cette conclusion, que les méthodes nouvellement proposées ne tenant pas compte de ces nécessités, elles ne peuvent être adoptées dans tous les lieux et dans toutes les positions, et que c'est avec raison que j'ai pu dire, que la viticulture avait fait moins de progrès dans ces derniers temps que les autres branches de l'arboriculture.

Néanmoins, il est un viticulteur dont je dois mentionner les travaux, parce qu'ils ont fait faire un pas réel à cette étude, et qu'ils conduiront certainement à la faire progresser encore. C'est M. le Cte Odart, dont je ne puis assez proclamer le mérite.

Ce savant amateur de la vigne a consacré une longue vie à cultiver un très-grand nombre d'espèces diverses, prises non-seulement en France, mais dans toute l'Europe ; il en a conservé le vin et l'a étudié pendant plusieurs années, et il a donné, dans son *Ampélographie*, des instructions très-précises sur une foule de cépages ; en cela, il a ouvert une voie dans laquelle il faut espérer qu'il sera suivi.

Il a aussi réuni et rapproché divers noms donnés à la même variété, et a fourni ainsi des éléments pour arriver à une nomenclature des espèces. Sous ce double rapport, il a rendu un immense service à la viticulture.

Malgré cela, et quelque regret que j'en éprouve, je dois le dire, son ouvrage laisse encore à désirer : quoiqu'il indique beaucoup de noms donnés à certaines espèces, il en a méconnu plusieurs, de sorte que sa nomenclature est loin d'être générale, et que dans plusieurs localités, on ne retrouve pas les noms les plus usuels. D'ailleurs, il n'a pas cru devoir adopter une classification; c'est une lacune regrettable; s'il mentionne certaines tribus ou familles de raisins, il n'explique pas assez exactement le caractère particulier qui la distingue; il indique à peine le feuillage, ce qui est pourtant bien important; de sorte que les descriptions qu'il en donne sont tout-à-fait insuffisantes; on voit qu'il s'est beaucoup plus occupé du vin qu'on obtient de chaque cépage, que de décrire les espèces avec exactitude.

Il reste donc encore à perfectionner sous ce rapport, pour arriver à un véritable progrès. Certainement, dans les contrées qui produisent des vins renommés par leur qualité, on connaît et on cultive fort bien quelques espèces de vigne qui produisent ce vin, mais ce n'est pas assez; il faudrait qu'on sût également bien cultiver toutes les autres variétés, qu'on apprît s'il y en aurait de meilleures à introduire; et d'ailleurs, il serait nécessaire que cette perfection à laquelle on est arrivé dans ces localités, fût appliquée partout et à tous les cépages.

Lorsque vous parlez à un jardinier de planter des poires, il sait parfaitement vous dire s'il vous convient mieux de choisir des Duchesses d'Angoulême ou des Colmar, ou toute autre, et si vous devez les disposer en espaliers, en pyramides ou en palmettes.

Je désirerais qu'on parvînt à ce degré d'instruction pour la vigne, et personne ne contestera, je pense, que ce serait d'un avantage immense; mais il est évident qu'on devrait consacrer à cette étude bien plus de temps que pour les autres arbres fruitiers; car, en mangeant un fruit, une poire, par exemple, on est tout de suite fixé sur son mérite, tandis qu'il ne suffit pas de manger un raisin pour connaître les qualités de son vin, qui ne se décéleront que plus tard; d'où suit la nécessité de cultiver cette vigne et de garder ce vin pendant longues années, pur et sans mélanges; mais, comment étudier tout cela, si l'on n'est pas fixé sur les noms des espèces? Le premier point, comme je l'ai déjà dit, c'est donc de connaître les noms des espèces ou cépages de vigne.

Il règne à cet égard une confusion incroyable, c'est une véritable Tour-de-Babel; d'une commune à une autre, chacun d'eux change de nom ; de sorte qu'il est impossible de s'entendre.

Il faut, à tout prix, faire cesser cet état des choses, et avoir une dénomination fixe et généralement adoptée pour chacun de ces cépages ; et pour cela, avoir sous les yeux tous les noms qui leur ont été donnés. Vous n'ignorez pas que c'est ce qu'on a appelé la *synonymie de la vigne.*

Cette étude, il faut en convenir, offre plus de difficultés qu'on ne le croirait au premier aperçu ; elles proviennent d'abord de la grande multiplicité des noms ; en second lieu, du nombre réel des espèces et variétés, qui est assez considérable, quoiqu'il le soit moins qu'on s'est plu à le dire ; et enfin, de ce qu'on est persuadé que la vigne se modifie par la culture à laquelle elle est soumise, par le sol et par le climat, de sorte que les caractères propres à distinguer les espèces ne se retrouvent plus.

C'est sur ces difficultés que je viens exposer quelques idées, dans l'espoir qu'elles pourront servir de point de départ pour arriver à une synonymie et à une classification, car l'une ne peut aller sans l'autre.

La nécessité d'une synonymie de la vigne a été sentie depuis longtemps en France ; l'abbé Rozier consacra à cette étude une partie de sa vie, et fit les plus grands efforts pour réunir dans son vignoble toutes les espèces connues de son temps. Cette collection précieuse fut détruite par le bouleversement social appelé la Révolution.

Vous savez tous, Messieurs, que depuis lors on a créé au Luxembourg, à Paris, une plantation à-peu-près complète des espèces connues sur le globe ; c'est certainement la plus belle collection qui existe.

Mais le climat de Paris convient peu à la vigne, et il eût

été à désirer que le gouvernement comprît que, quelque désir qu'il ait de rendre Paris le centre où se réunissent toutes les richesses du monde, on ne peut pas toujours vaincre la nature; d'ailleurs, on s'est borné à avoir deux ceps de chaque espèce, et ce n'est pas suffisant pour en avoir du vin, et par conséquent pour pouvoir asseoir un jugement sur le mérite de chacune d'elles. Il eût donc été avantageux qu'on eût eu en France d'autres collections semblables dans plusieurs de nos départements viticoles, et qu'on y consacrât plus d'espace.

Ce que le gouvernement n'a pas fait, plusieurs amateurs de la vigne l'ont exécuté en partie. M. le Cte Odart, dans sa terre de la Dorée, près Tours; notre compatriote M. Bouchetterre de la Dorée, près Tours; notre compatriote M. Boucherreau, au château de Carbonnieux, près Bordeaux; M. Démermety, à Dijon; M. Cazalis-Allut, à Montpellier, et plusieurs autres, ont formé chacun une de ces collections.

Ces travaux prouvent tout l'intérêt qui s'attache à l'étude de la vigne, et les efforts qu'on a faits pour parvenir à une synonymie, car c'est principalement pour y arriver que ces travaux ont été entrepris.

Outre ces collections, plusieurs écrivains nous ont donné des descriptions d'un grand nombre d'espèces de vigne. Je dois citer parmi les anciens : Garidel, l'abbé Rozier; M. de Secondat, qui a décrit les divers cépages du Bordelais; et, plus tard, Dussieux, puis Bosc, dans le dictionnaire d'agriculture, en ont mentionné plusieurs; mais l'ouvrage le plus parfait en ce genre que nous ayons est certainement l'*Ampélographie* de M. le Cte Odart, dont j'ai déjà fait voir tout le mérite.

Il est fâcheux que l'auteur, dans l'intention de rendre son livre moins cher, ait cru pouvoir se dispenser d'y ajouter des dessins, car c'est le meilleur moyen de bien faire apprécier les plantes dont on parle.

M. Rendu, inspecteur général d'agriculture, a voulu combler cette lacune, et il a publié aussi une Ampélographie française; celle-ci a été imprimée sous les auspices du gouvernement, mais elle ne contient qu'un petit nombre d'espèces, 66 en tout. C'est bien peu ...

Les Français ne sont pas les seuls qui se soient occupés de la vigne, les autres peuples de l'Europe ont aussi eu leurs écrivains.

Les Allemands, les Italiens, les Espagnols ont également écrit sur cet arbuste si intéressant. Leurs ouvrages contiennent non-seulement des descriptions d'espèces, mais aussi des classifications plus ou moins parfaites.

Je dois citer d'abord Dom Clemente de Roxa, dont l'ouvrage traduit en français, en 1814, a été regardé comme un des meilleurs en ce genre, à ce point que l'Académie de Bordeaux avait proposé un prix pour l'auteur qui ferait le meilleur travail sur ce modèle.

Plusieurs auteurs allemands ont aussi écrit sur la vigne, et je dois citer parmi eux Von Gok, Burger et Metzer; et parmi les italiens, l'abbé Milano, qui ont proposé diverses manières de classer les vignes ou qui ont cherché à améliorer la classification de Dom Clemente de Roxa.

En rapprochant ces divers ouvrages des nôtres, on peut voir que les noms donnés à chaque cépage ne sont pas aussi nombreux dans les autres pays qu'ils le sont en France, et que le plus souvent chaque espèce n'en a qu'un et le conserve dans une assez vaste contrée.

Il suit de là, que si l'on avait une bonne synonymie de la France, il serait ensuite facile d'en avoir une de toutes les vignes des autres pays, telle qu'on doit la désirer.

Je voudrais donc qu'on commençât par faire celle des espèces cultivées en France, en Algérie et en Corse, et j'ai la conviction que si on avait une bonne classification des vignes de ces contrées, celle des autres s'y placerait bientôt sans difficulté.

Du reste, le nombre des espèces qu'on trouve en France est assez considérable pour exiger d'assez longues études. Essayons de fixer nos idées à cet égard.

III.

La multiplicité des noms est bien plus grande que celle des espèces, car un même cépage en reçoit un différent presque dans chaque commune, ou au moins dans chaque canton : c'est ce qui a découragé la plupart de ceux qui se sont consacrés à cette étude.

Bosc qui s'était livré à ce travail, fut forcé d'y renoncer. » Les inconvénients du défaut de concordance, dit-il, se dé- » veloppent de plus en plus, à mesure que j'avance dans mes » recherches. Il y a telle variété qui a 5 ou 6 noms, et tel » nom qui s'applique à 5 ou 6 variétés différentes. Par exem- » ple, le nom de *Gamai* qui, dans la Côte-d'Or indique un si » mauvais raisin, s'applique à Lyon et ailleurs à une variété » de Pineau qui fournit un vin excellent, etc. »

Je suis loin de contester cette assertion de Bosc; j'irai même plus loin que lui, et je pourrai citer une espèce qui a reçu plus de 15 noms différents.

M. Odart s'exprime de la même façon : il raconte qu'un cépage qu'il avait planté, venant des Pyrénées-Orientales sous le nom de *Mataro*, un autre venu du Var sous celui de *Mourvedé*, un troisième venu de la Charente sous le nom de *Balzac*, et un quatrième venu de l'Hérault sous le nom de *Spart*, se sont trouvés être le même cépage.

Pour faire cesser cette confusion, il ma semblé qu'il n'y avait qu'un moyen, ce serait de faire le relevé de tous les noms donnés à la même espèce de vigne, dans chaque commune de France, et d'en adopter un seul qui, arrêté et adopté, servît de point de ralliement; puis de mettre ce nom adopté en regard de tous les autres, afin qu'on sût partout que c'est celui sous lequel tout le monde pourra reconnaître cette espèce.

Mais comment s'y prendre pour colliger et réunir les noms donnés à la même espèce? là est la difficulté : pour la résoudre, cherchons d'abord comment cette grande variété de noms s'est établie.

Elle provient évidemment de ce que la culture des vignes s'est répandue peu à peu, et sans aucun centre d'action qui donnât l'impulsion.

De nos jours et avec la diffusion de la presse, qui fait partir de Paris les ouvrages propres à instruire tous les départements, il est facile de faire adopter, jusque dans les communes les plus reculées, les nomenclatures adoptées par les cultivateurs de Paris. Mais autrefois il n'en était pas ainsi : celui qui voulait planter de la vigne se procurait des plants dans son voisinage, et le plus souvent il donnait à cette vigne le nom de la personne qui la lui avait procurée, ou bien celui des lieux d'où il l'avait tirée.

Ainsi l'*Alicante* a conservé le nom de la province d'Espagne d'où il a été transporté dans nos départements du Midi. Il en est de même de plusieurs autres.

Le plus souvent c'est le nom de l'importateur qui a été donné à la plante. Ainsi le Malbeck a été transporté au Médoc par un sieur Malbeck, et on lui a donné son nom; le Cabernet a été propagé en Touraine par un sieur Le Breton, et on l'a appelé de son nom le *Breton*.

D'autres fois, le nom a été pris d'une particularité de la plante; ainsi, l'Enfariné a été appelé de ce nom, parce qu'il a l'air d'être saupoudré de farine; le Côte-Rouge, parce qu'il a le pédoncule rouge. Il en est de même de plusieurs autres.

On conçoit donc que cette nomenclature ait varié d'après mille circonstances locales, et se soit multipliée au point qu'aujourd'hui il soit presque impossible de s'y reconnaître.

Et maintenant, comment faire cesser cette confusion? Il m'a paru qu'il n'y avait rien de plus sûr que de faire pour la vigne ce qu'on a fait pour les roses, c'est-à-dire de publier au centre de tout, *à Paris*, une nomenclature qui serait répandue et bientôt adoptée dans toute la France.

Mais, comment s'y prendre pour asseoir cette nomenclature? Je l'ai déjà dit, ce serait de faire le relevé de tous les noms donnés à une même espèce de vigne dans toutes les communes de France, d'en choisir un seul, qui, adopté par une autorité supérieure, serait nécessairement celui sous lequel tout le monde se mettrait d'accord.

Or, cette autorité supérieure ne peut être, à mon avis, autre que la Société impériale d'agriculture; c'est elle qui doit donner l'impulsion; c'est elle qui doit réunir tous les éléments propres à arriver à ce résultat.

Il lui serait facile, au moyen des Sociétés d'agriculture de chaque département, et des comices d'arrondissement et de canton, d'obtenir tous les noms donnés au même cépage dans tout un département; et en réunissant, en colligeant tous ceux donnés dans chaque département, d'en faire un état général de la France, et alors, en donnant un nom unique à ce cépage, chacun le reconnaîtrait fort bien, quelque département qu'il habitât.

Mais, pour cela, il serait nécessaire d'abord que la Société impériale d'agriculture voulût penser un peu plus à la vigne qu'elle ne l'a fait jusqu'à présent, car elle s'occupe presque exclusivement des autres branches de l'agriculture.

Je voudrais donc qu'il fût formé, dans cette docte et si éminente Société, une section consacrée à la viticulture, et particulièrement une commission spéciale pour la synonymie de la vigne;

Qu'en outre, il en fût de même dans les diverses Sociétés d'agriculture des départements.

S'il en était ainsi, on parviendrait bientôt à avoir les noms divers attribués à chaque espèce de vigne dans chaque commune d'un arrondissement, puis dans les départements, puis dans la France entière.

Il est impossible qu'un homme seul puisse faire un pareil travail; tous ceux qui l'ont essayé y ont échoué et ont fini par y renoncer. Il faut le concours de plusieurs personnes pour parvenir à ce résultat; mais, par le moyen que je propose, on serait assuré d'y arriver, et l'on aurait, au bout de quelque temps, cette nomenclature si impérieusement nécessaire.

Il y a longtemps que j'ai exprimé cette pensée; je l'ai publiée en 1855, dans mon traité sur la culture des vignes du

Médoc. Ce que je disais alors, je viens le rappeler, et, en développant ces idées sous les yeux du Congrès, je lui demande de me venir en aide et d'en provoquer l'exécution.

J'ai cru que si le Congrès scientifique élevant la voix, cette voix serait écoutée; c'est ce qui m'a décidé à lui soumettre cet essai.

Il y a de si grands biens à attendre d'une synonymie, que tous les véritables viticulteurs, que tous ceux qui s'intéressent à la fortune publique, doivent y concourir; on ne peut se résigner à rester indéfiniment dans l'état de confusion qui existe.

Quoi! il n'y a aucune incertitude parmi les quatre ou cinq cents variétés de roses, parmi celles tout aussi nombreuses des pélargonium; les innombrables variétés de poires et de pêches seront parfaitement définies, sans que la moindre indécision soit possible, et l'on souffrirait qu'il y en eût une perpétuelle pour la vigne? Non, cela ne peut pas durer ainsi; dans notre siècle de progrès en toutes choses, cela doit cesser.

Puisque les savants qui s'en sont occupés n'ont pu y parvenir, faisons un appel à plusieurs, à tous ceux qui s'intéressent à la viticulture, à ceux qui sont à la tête de l'agriculture de la France, et la difficulté qui jusqu'à présent n'a pu être vaincue le sera.

Afin de fixer nos idées sur ces difficultés, voyons d'abord si la quantité des espèces de vigne est aussi considérable qu'on s'est plu à le dire.

IV.

Ne pourrait-on pas savoir, au moins approximativement, combien il y a d'espèces de vigne? Certainement, le nombre en est très-considérable; cependant, il est permis d'affirmer qu'on l'a beaucoup exagéré; on a même été jusqu'à dire qu'il était indéfini, parce qu'il se formait journellement des variétés nouvelles, ce qui me paraît un peu hasardé.

Ces diverses espèces ont-elles toujours existé, ou bien sont-elles le produit de la culture et des procédés employés par les hommes ?

C'est une autre question qui a été diversement agitée et résolue, et qui n'est pas encore assez élucidée pour que je me permette de la discuter.

Seulement, je ferai remarquer que quelques-uns de nos savants attribuent la formation des cépages uniquement à l'influence du sol et de la culture, et que cette théorie me semble être erronée. Et, en effet, si cela était vrai, on retrouverait sous les mêmes latitudes et dans des sols de nature semblable, les mêmes espèces, ce qui a rarement lieu. Ensuite, c'est qu'il est avéré que la culture ne change pas les divers cépages déjà connus, et n'en crée pas d'autres.

Il y a quatre ou cinq siècles qu'on cultive les Pinots en Bourgogne, et ils n'y ont pas changé de nature ; il y en a presque autant qu'on voit des Cabernets dans le Médoc, et ils y sont aujourd'hui ce qu'ils étaient autrefois.

Et cependant les uns et les autres ont été cultivés et dirigés de bien des manières Il est alors bien difficile d'admettre que c'est à la culture qu'ils doivent leur existence.

Ce qui semblerait démontrer que les cépages de vigne se sont formés et se perpétuent naturellement, comme toutes les espèces de plantes, c'est cette citation de don Clemente de Roxa :

« Dans l'Algaïda (contrée d'Espagne), dit-il, où la vigne » sauvage forme une forêt impénétrable, différents cépages, » parfaitement caractérisés, se propagent spontanément ; on » en rencontre de chaque espèce des individus très-vieux, » d'autres de peu d'années et de tous les âges intermédiaires, » mais aucun ne dément sa caste et n'affecte les formes ni » les propriétés qui les distinguent des autres cépages de tri- » bus différentes ; tout cela se passe ainsi depuis un temps » immémorial. »

L'existence de cette forêt, celle de plusieurs autres qu'on a trouvées en Amérique, et où l'on a découvert plusieurs cépages tout nouveaux, ayant une végétation toute autre que celle des cépages d'Europe, et qui certainement n'avaient pas été modifiées par la main de l'homme; tout cela tendrait bien à faire voir que la plupart des cépages ne doivent ce qui les distingue qu'à l'Auteur de la nature.

Cependant, depuis que l'on a découvert la manière dont se fécondent les fleurs, on peut croire qu'il ne serait pas impossible qu'il se fût formé des variétés hybrides, et qu'il en fût résulté quelques-uns de nos cépages; cela se voit dans tous les végétaux, pourquoi la vigne n'en donnerait-elle pas des exemples? Mais, cet évènement ne se produit qu'accidentellement ou par le fait de l'homme, et je ne puis croire que tous les cépages connus proviennent de cette cause.

Quant à la différence qu'on veut établir entre les espèces et les variétés, qui serait prise de ce que les espèces de vigne peuvent se propager par semis, tandis que les variétés ne se reproduisent que par boutures, provins ou crossettes, c'est encore une théorie que rien ne justifie, quoiqu'elle puisse être admise sans inconvénient.

Comment distinguer celles qui se propagent par leurs pepins de celles qui ne le font pas? Faut-il, pour se fixer, opérer des semis multipliés, et attendre nombre d'années? Je sais que M. Vibert, d'Angers, s'en est beaucoup occupé, et je crois qu'il n'a obtenu de ses longues expériences que des résultats fort peu satisfaisants.

Quoi qu'il en soit de ces questions, que je ne fais qu'indiquer, celle que je voudrais voir résolue, c'est celle de savoir quel est le nombre des espèces de vigne *reconnues* et de leurs variétés; mais, d'abord, il est bon de définir ces deux mots.

Le mot espèce, en botanique, a une autre acception qu'en viticulture, et des différences plus tranchées; ces différences sont principalement prises de la forme des feuilles, des fleurs ou des fruits; et elles sont constantes, se retrouvant toujours dans les plantes reproduites par graines.

En viticulture il n'en est pas absolument de même, les espèces ou cépages ont leurs caractères pris le plus souvent du fruit seul, quoiqu'ils puissent être également pris du feuillage; et relativement aux variétés, elles tiennent à un cépage par la plupart des parties de la plante, et n'en diffèrent que par quelque accident de peu d'importance.

M le comte Odart ne veut pas admettre cette distinction, parce que, dit-il, il ne lui est pas permis de découvrir quelle est l'espèce primitive et quelle est la dérivée; mais, c'est à mon avis changer la question. Il ne s'agit pas de savoir laquelle a été produite la première, mais d'admettre un cépage comme principal type, et le second comme se rattachant au premier; et puisqu'il admet des tribus qui renferment une réunion de cépages qui ont des ressemblances, il est naturel de reconnaître des variétés qui tiennent à la tribu par les caractères principaux et qui se distinguent d'un cépage particulier par de légères différences [1].

Quoi qu'il en soit, si je recherche quel est le nombre des espèces et variétés, c'est-à-dire celui des cépages reconnus, j'éprouve une assez grande difficulté pour le déterminer. Bosc disait qu'il y en avait 2000, d'autres l'ont réduit à 500.

Nous avons un moyen d'arriver très-près de la vérité par la collection du Luxembourg. L'état publié par M. Bouchardat présente 2050 espèces; je me suis assuré au Luxembourg qu'il y en avait en outre 117 non comprises sur cet état. Ce serait donc en tout 2167 espèces.

Or, sur ce nombre, il y en a au moins la moitié d'étrangers, reste 1083 appartenant à la France; mais ce nombre doit être réduit au tiers ou au quart, attendu qu'il y a une foule de cépages qui sont répétés plusieurs fois. Il s'en trouve même dont la reproduction est fort grande, et pour preuve je dirai que j'y ai compté 66 chasselas et 54 muscats. A la vérité M. Bouchardat comprend parmi les chasselas le cépage à feuilles laciniées, appelé chez nous *persillade*, et ailleurs

[1] On peut voir dans le 3e volume du Congrès, p. 333 et suivantes une dissertation de M. l'abbé Chaboisseau, 20e question, sur ce qui caractérise les espèces, et à laquelle je m'associe complètement.

Cioutat, et que je ne crois pas pouvoir assimiler aux chasselas quoique le raisin s'y rapporte un peu. J'en ai compté 12 ceps que je voudrais donc déduire des 66 ; il en resterait toujours 54, autant que des muscats. Or, évidemment, il n'y a pas 54 espèces différentes de chasselas et de muscats. Il est donc évident qu'il y a plusieurs doubles emplois dans cette collection. Ainsi, en réduisant au tiers ou au quart le nombre indiqué, il me semble que j'approcherai beaucoup de la vérité.

Ce serait donc 300 au 350 tout au plus, et il y a en France bien peu de cépages qui ne se trouvent pas au Luxembourg, quoique j'en connaisse quelques-uns de notre département qui n'y sont pas.

Si après avoir examiné la collection du Luxembourg j'analyse celle de M. Bouchereau, j'arriverai à-peu-près au même résultat.

Il possède 919 espèces diverses, sur lesquelles il y en a plus d'un quart d'étrangers; parmi ceux de France, il y a bien aussi quelques doubles emplois, et plusieurs cépages identiques sous des noms différents; ainsi on arriverait à réduire le nombre de ceux-ci à un chiffre approchant de celui que j'ai indiqué.

Ce nombre n'est pas aussi élevé que celui des roses, il ne devrait donc pas y avoir plus de difficulté pour les distinguer qu'il n'y en a eu pour fixer la nomenclature des roses.

Toutefois, si la vigne en changeant de lieu changeait aussi d'aspect et de caractère; si elle devenait tout-à-fait différente, il faudrait bien avouer qu'il est presque impossible de distinguer chaque cépage, mais c'est ce que je ne puis admettre, et je vais expliquer les motifs que j'ai pour le contester.

V.

Est-il bien vrai que les caractères principaux de chaque cépage sont tellement changeants qu'on ne les retrouve plus dans les ceps qu'on a transportés d'un lieu dans un autre?

Cette allégation presque généralement adoptée, me paraît

susceptible de contradiction, ou tout au moins y a-t-il plusieurs distinctions à y faire.

C'est Dussieux qui l'a propagée. Il s'appuyait principalement sur ce que le *Gamai* était mauvais en Bourgogne et bon dans le Lyonnais, et voici ce qu'il disait à ce sujet :

« Il y a quelques 50 ans que le *Gamai* a été introduit en » Bourgogne, et pendant cette courte durée, le sol et le cli- » mat ont tellement agi sur ses formes, que les individus de » cette contrée comparés à ceux de la même espèce qui crois- » sent sur la côte du Rhône, sont tout-à-fait méconnaissables.»

Cette assertion de Dussieux ne provient-elle pas de ce qu'il a confondu les deux espèces de *Gamai* signalées par Bosc, et que j'ai rappelées? Il est très-permis de le croire, c'est même fort probable, d'autant que selon l'Ampélographie de M. Odart, il y a non pas seulement deux, mais un grand nombre de variétés du *Gamai*.

Il est d'autant plus douteux que le *Gamai* soit devenu méconnaissable, qu'une foule d'autres faits tout aussi concluants et plus certains concourent à démontrer que les changements qu'opèrent ses transplantations ne sont pas aussi radicaux qu'on devrait le croire, d'après ce qu'on prétend être arrivé au *Gamai*.

Et en effet, il y a bien plus de 50 ans qu'on a transporté le *Cabernet* du Médoc en Touraine, où il est répandu sous le nom de *Breton*, et il y conserve le feuillage, le bois et tous les caractères du *Cabernet* du Médoc.

Le *Pied-Rouge* qui, sous des noms si divers, est cultivé dans plus de dix départements, et depuis fort longtemps, et dans des terrains si différents de nature et d'exposition, y conserve toujours son caractère distinctif.

L'*Alicante,* porté de la ville d'Espagne de ce nom dans nos départements du Midi, y conserve son type primitif.

Le *Syrras* venu de Hongrie dans le Lyonnais et qui, venu dit-on primitivement de la Perse, a été importé dans la Gironde depuis plusieurs années, reste tout-à-fait semblable à ce qu'il est actuellement en Hongrie.

Il y a plus : nos diverses collections sont bien certainement des preuves du contraire, car chaque cep venu même de loin s'y conserve tel qu'il était dans le pays d'où il a été tiré.

Voici bien des faits plus nombreux et beaucoup mieux prouvés que la dégénérescence du *Gamai*, qui d'ailleurs peuvent être vérifiés tous les jours, et qui prouvent que les modifications qu'opère le changement de lieu ne sont pas aussi radicales qu'on s'est plu à le dire et dont on a beaucoup exagéré la portée.

Il est vrai cependant que quelques cépages en sont plus affectés que d'autres, que certaines parties de la plante ont paru quelquefois en être modifiées, mais je ne puis admettre que ces modifications soient assez complètes pour rendre la plante méconnaissable.

C'est du reste ce qu'éprouvent toutes les plantes. Transportez un arbrisseau d'un terrain très-sec dans un lieu humide, ou d'un lieu découvert à l'ombre d'un bois, il en éprouvera des variations palpables.

La vigne est peut-être plus susceptible d'éprouver ces changements que certaines autres plantes, mais non pas au point de ne pouvoir la reconnaître et que son identité soit changée.

Il est également vrai que les divers modes de culture ont sur elle une grande influence, néanmoins celle-ci n'est pas assez forte pour changer sa nature ; elle devient plus ou moins vigoureuse, et cependant elle reste identiquement la même.

Il me paraît donc hors de doute que malgré les modifications que les divers cépages peuvent éprouver, il ne serait pas impossible de les reconnaître, surtout si l'on avait une classification arrêtée et qui permît de les ranger par classes, par ordres et par tribus.

Mais il faut le dire, l'idée généralement admise que les variétés des cépages n'ont rien de stable vient moins des observations faites sur la plante, dans son ensemble, que de ce qu'on a remarqué relativement au raisin et au vin.

C'est sur le fruit, sur sa bonté, sur le vin qu'il produit

que la variation a été sensible, et quand on a vu qu'un cépage jouissant d'une bonne réputation quelque part, ne produisait après avoir été transplanté que du vin médiocre, on a dit qu'on ne le reconnaissait plus; or ce n'était pas la plante qui avait changé, c'était bien les mêmes feuilles, le même bois, etc., seulement les qualités du fruit avaient été dénaturées.

Il serait peut-être opportun de rechercher ici dans quelles conditions le raisin peut conserver ses qualités ou les perdre, mais cela me mènerait trop loin. Il me suffit d'avoir établi que la vigne même, transplantée dans un lieu éloigné, peut fort bien être reconnue, car alors rien ne s'oppose à ce que l'on puisse constater tous les noms divers que reçoit un même cépage, et à ce qu'on parvienne à en dresser une nomenclature; seulement je tirerai de ces observations cette conséquence que ce n'est pas uniquement sur le raisin et sur les qualités du vin qu'il donne qu'il convient de se baser, mais sur la plante tout entière et principalement sur les feuilles qui restent les mêmes.

Je crois avoir fait voir que les obstacles qu'on a signalés comme invincibles ne le sont pas; il est alors permis de penser que si l'on adoptait la marche que j'ai indiquée, on mettrait un terme à la confusion qui existe dans les espèces et les cépages de vigne et l'on parviendrait à une synonymie.

Mais cela ne suffirait pas, il faudrait encore pouvoir les classer, en faire des divisions par classes, ordre et tribus ou familles, car c'est le seul moyen de les distinguer. Il me reste à exposer mes idées sur ce point essentiel.

VI.

Personne n'ignore qu'il ne faut pas assimiler la vigne aux autres végétaux sous le rapport des distinctions d'espèces, parce que les divers cépages cultivés, ne constituent pas des espèces véritables botaniquement parlant, et je l'ai déjà expliqué.

Linné, le créateur de la botanique, en a seulement décrit 17 espèces, et parmi ces 17 il y en a plusieurs qui ne portent pas de raisin bon a manger, et qui sont étrangères à la vigne cultivée.

Ce que nous appelons cépages ne sont donc, à proprement parler, que des variétés ; c'est pour qu'on ne puisse pas les confondre avec les espèces véritables, qu'on leur a donné un nom différent, celui de cépage.

Néanmoins ces cépages se distinguent parfaitement entre eux, et le plus simple vigneron sait bien les reconnaître ; ses intérêts en dépendent.

Quoi qu'il en soit, il s'est présenté de nombreuses difficultés quand on a voulu les diviser par classes ; ceux qui s'en sont occupés, n'ont pu se mettre d'accord sur une base certaine; l'un s'est fixé sur un caractère, l'autre sur un caractère différent ; enfin, de toutes les classifications proposées, aucune n'a eu l'assentiment général.

Il serait présomptueux à moi de penser que la classification dont je vais exposer les bases satisfera toutes les exigences, mais si je n'ai pas atteint le but, il me semble que je m'en suis approché. Avant d'exposer ma méthode, il convient d'abord d'indiquer les diverses bases de classification qui ont été proposées, et les objections qu'elles ont soulevées.

Clemente de Roxa a divisé les vignes en deux classes, selon que leurs feuilles avaient un duvet cotonneux ou n'en avaient pas; il ne considérait ni la forme des feuilles ni celle du raisin.

On a trouvé que cette division était insuffisante, et en effet le nombre des vignes dont les feuilles n'offrent pas de coton est si grand, que ce n'était presque rien faire que d'en laisser une aussi grande quantité dans la même classe.

Aussi, un auteur allemand, Von Gok, a-t-il proposé d'ajouter deux classes de plus à celles de don Roxa, d'après la plus ou moins grande abondance du duvet cotonneux ou de poils qui se trouvait sous ou sur les feuilles.

Cela n'a pas évité l'inconvénient, car en subdivisant les feuilles cotonneuses on ne sudivisait pas les autres.

Un autre auteur, Metzer, a partagé tous les raisins en deux classes ; ce n'est plus par le coton ou duvet des feuilles qu'il les distingue, c'est par la forme des graines du raisin. Il met dans la première classe ceux à grains ronds, et dans la deuxième classe ceux à grains ovales.

Viennent ensuite des subdivisions prises de la forme des grappes, de la grandeur et de la forme des feuilles.

Metzer ne fait pas attention au caractère pris de la couleur des raisins, lequel n'a pas été négligé par un autre auteur, Burger : celui-ci en a formé deux classes, les noirs et les blancs.

M. de Secondat avait également adopté ce caractère pris de la forme des graines, ainsi que celui de la couleur des raisins; il en formait quatre classes :

Blancs, à graines rondes ou ovales; *noirs* à graines rondes ou ovales.

Mais cette division est incompatible avec l'existence des tribus, qui est cependant fort naturelle.

Ce dernier système, dit M. le comte Odart, auquel j'emprunte ces détails, me paraît le moins défectueux; cependant il place dans des classes différentes, des raisins qui ont entre eux la plus grande analogie, tels que les Pinots et plusieurs autres.

L'abbé Milano, auteur italien, se décide au contraire par la forme des feuilles, mais il n'en fait que deux classes : dans l'une il met les feuilles laciniées, et dans l'autre toutes les feuilles diverses des vignes, c'est-à-dire presque tous les cépages.

Il faut convenir que ces diverses méthodes de classification ne sont pas parfaites, et que chacune d'elles a son côté faible.

Bosc avait commencé un travail de classification qui semblait devoir être plus satisfaisant.

Il divisait d'abord les raisins par la couleur et il en faisait deux classes, les noirs et les blancs, — puis, par la forme des grains, ronds ou ovales.

Ensuite il avait égard à la grosseur de ces mêmes grains, selon qu'ils ont 15 mill. de diamètre, ou plus, ou moins.

Après cela il se fondait sur les feuilles qui sont, dit-il, « hérissées, cotonneuses ou glabres, qui sont profondément « divisées ou peu profondément, épaisses ou minces, unies « ou bullées, planes ou tourmentées, d'un vert clair ou « foncé, plus ou moins longues ou larges, à lobes plus ou « moins écartés etc., et servent ainsi à former 5 divisions.

« Puis le pétiole qui est ou tout rouge ou strié de rouge, « ou non coloré, en fournit 3 autres.

« Ces divers caractères combinés forment 156 classes où « se placent toutes les familles possibles. »

Ce système est fort ingénieux ; cependant quelque déférence qu'on doive à un savant tel que Bosc, il est difficile de l'adopter en entier.

D'abord, faire 156 classes de vigne c'est, ce semble, beaucoup trop ; ensuite les caractères qui distinguent chacune de ces classes ne sont pas assez définis, assez clairement indiqués, assez tranchés, et surtout assez permanents.

Ce n'était à vrai dire qu'un premier aperçu et il est probable que s'il eût eu le temps d'arrêter définitivement cette classification, il l'eût modifiée.

Mais ce plan n'en est pas moins précieux, et trace une voie par laquelle il est permis d'espérer qu'on arrivera au but désiré, surtout en le combinant avec les autres systèmes.

J'ai pensé qu'en prenant ce projet pour base, et en y apportant quelques modifications, il serait possible d'offrir un système de classification satisfaisant.

Et d'abord, je crois avec Bosc que la distinction prise de la couleur des raisins, est la plus naturelle, la plus facile à saisir, et la plus constante ; ainsi je diviserais les raisins en blancs et en noirs; néanmoins, M. le comte Odart fait à cet égard une observation fort juste, c'est qu'il y a des raisins de diverses nuances, roses, gris, etc., qui n'entreraient pas dans ces deux classes, parce que on ne saurait dans laquelle les placer.

Cela est très-vrai ; eh bien ! il m'a semblé qu'il n'y avait rien de plus simple que d'en former une troisième division.

Mais, ici, il s'est présenté une autre objection, c'est que dans certaines tribus, telles que celle des Muscats, il se trouvait des raisins blancs, d'autres noirs, et d'autres de diverses nuances ; fallait-il diviser, scinder ces familles, et placer certains de leurs cépages dans la première division, d'autres dans la deuxième, d'autres dans la troisième ?

Ce serait un inconvénient ; car, évidemment, ces cépages ont trop de rapport entre eux pour qu'on puisse les séparer de ceux qui n'en diffèrent absolument que par la couleur du raisin.

Certainement, on pourrait répondre que cette couleur produit entre eux une immense différence, puisque elle est cause que le vin qui en résulte n'a aucune espèce d'analogie ; et, pour un viticulteur, c'est bien suffisant pour les séparer.

Néanmoins, pour ne pas trop contrarier l'usage adopté de les assimiler, j'ai trouvé plus simple de les laisser réunis, et de placer la tribu tout entière dans la troisième division.

Ainsi, cette troisième division sera formée, 1° de tous les raisins de couleurs diverses, roses, gris, etc. ; 2° de toutes les tribus qui offrent des raisins de couleurs différentes, soit blancs, soit noirs, soit roses, gris, etc., tels que les Muscats, les Chasselas que j'ai déjà signalés, les Pinots, les Mourillons et autres semblables.

Voici donc trois divisions principales.

Maintenant, pour subdiviser ces divisions et en former des classes, j'ai cru, avec Bosc, que les feuilles offraient le moyen le plus naturel et le plus apparent, et pour cela, j'ai considéré uniquement leur forme.

On me dira, sans doute, qu'il y a souvent des feuilles de forme différente sur le même pied.

A cela je répondrai encore avec Bosc, que si parfois il se trouve des feuilles dissemblables à celles du plus grand nombre, on ne les voit guère qu'à l'origine des branches, et que les autres affectent une forme sinon absolument la même, au moins analogue. Ainsi, en observant un cep de vigne, on se convaincra que la majorité du feuillage offre à-peu-près la même découpure, et ce qui le prouve, c'est que tout vigneron un peu exercé reconnaît chaque cépage à la simple inspection du feuillage.

Et alors, en écartant ces feuilles exceptionnelles et en s'en tenant à la majorité, il sera toujours facile d'en constater la forme.

J'ai fait à cet égard des observations multipliées à la collection des vignes du Luxembourg, et je me suis convaincu que, en général, tous les cépages d'une même tribu ont des feuilles de même genre et de forme analogue, quoique offrant quelques différences.

Toutefois, je ne nierai pas qu'il y a des tribus où les feuilles varient beaucoup sur chaque cep, et je citerai le muscat, qui est dans ce cas. Eh bien! pour lever toute difficulté, je fais de ces cépages une classe particulière.

Ainsi, je placerai dans cette classe toutes les vignes offrant des feuilles de formes diverses sur le même cep; alors, il ne se trouvera aucun cépage qui ne puisse entrer dans les classes que j'en fais.

Or, je ne propose pas d'entrer dans des détails trop minutieux. Je constate d'abord que les feuilles de vigne offrent trois formes principales et faciles à distinguer :

1° Les feuilles entières n'ayant aucune division ni échancrure;

2° Les feuilles à trois lobes;

3° Les feuilles à cinq lobes.

Il y a bien, en outre, les feuilles laciniées, comme celles du persil; mais elles rentrent dans la forme des feuilles à cinq lobes; seulement, chaque lobe est lui-même subdivisé et profondément découpé. Du reste, celles-ci sont fort rares et pas assez nombreuses pour en faire une classe, comme l'a fait l'abbé Milano.

Je ne crois pas qu'il se trouve des feuilles qui ne puissent se ranger dans ces trois catégories.

Ceci posé, je subdivise chacun de ces trois genres de feuilles en deux classes, ce qui fera six classes, et voici comment :

Parmi les feuilles entières, on peut en remarquer de rondes ou ovales qui ont les bords ondulés, mais sans dentelure, ou à dentelure fort petite ; tandis que d'autres ont des dents bien marquées, quelquefois égales, d'autres fort inégales. J'en forme deux classes : la première comprenant toutes les feuilles entières ondulées sur les bords ou à petite dentelure ; la seconde, toutes celles qui ont des dents plus ou moins longues mais bien marquées.

Tels sont les caractères de mes deux premières classes.

Parmi les feuilles à trois lobes, il s'en trouve dont les trois lobes sont écartés ou formés par un renflement, mais ne sont pas séparés par une fente ou échancrure, telles que les feuilles de groseillers. J'en forme la troisième classe.

D'autres ont une séparation bien apparente, formée par une fente ou échancrure profonde, de sorte que les lobes sont plus rapprochés ; en outre, elles offrent des dents plus apparentes que les précédentes. Je les place dans la quatrième classe.

Les feuilles à cinq lobes forment aussi deux classes, qui seront la cinquième et la sixième, selon qu'elles seront plus ou moins découpées.

Certainement, il serait facile d'y faire plusieurs distinctions ; il en est qui paraissent n'avoir que trois lobes, parce que les deux postérieurs sont à peine indiqués par une petite cavité ; d'autres où on pourrait en voir plus de cinq, parce qu'elles offrent quelques cavités ou fentes irrégulières. Cependant, on y retrouve cinq lobes marqués par des ouvertures plus profondes et bien apparentes.

Quelquefois, les cinq lobes restent ouverts et écartés ; d'autres fois, ils se rapprochent et même se recouvrent de telle façon qu'il reste au fond du sinus un trou ou ouverture comme si la feuille était percée d'un trou rond ou ovale, ou triangulaire. J'aurais pu distinguer ces formes, mais ces petites différences sont plutôt propres à marquer les diverses tribus ou les cépages particuliers, qu'à former des classes. Ainsi, je mets toutes les vignes offrant des feuilles à cinq lobes dont la dentelure n'est pas très-grande, qu'elle soit obtuse ou à dents de scie, dans la même classe, qui est la cinquième.

Mais, si les découpures offrent de longues dents, et que chaque lobe soit subdivisé de sorte que la feuille soit très-découpée ou laciniée, j'en fais une sixième classe.

Je voulais d'abord faire une classe des feuilles laciniées, comme l'abbé Milano, mais j'ai remarqué qu'il n'y a que fort peu d'espèces de vigne qui offrent des feuilles de cette forme, et même je ne connais que le Cioutat ou Persillade qui en ait de cette sorte, lequel est un raisin blanc, et je n'en connais aucun de noirs ou d'autre couleur; alors, j'ai renoncé à faire une classe uniquement du genre de feuilles laciniées, et je l'ai réunie avec celles qui offrent des découpures plus multipliées que les cinq lobes n'en ont d'ordinaire. Ainsi, toutes les fois que les cinq lobes sont eux-mêmes subdivisés et que la feuille offre de longues dents pointues, je les place dans la sixième classe, comme les feuilles laciniées.

Voici donc six classes qu'il sera facile de distinguer, et sans qu'il soit besoin de ces observations minutieuses qu'exigeraient d'autres caractères indiqués par certains écrivains. Il suffit de se fixer sur le type propre à chaque classe, pour pouvoir, au premier coup-d'œil, voir à quelle classe une vigne appartient.

Néanmoins, si, comme je l'ai dit, il y a des feuilles de plusieurs formes sur le même cep, ce qui se rencontre quelquefois, de façon qu'on ne puisse pas bien distinguer quelle est la forme dominante, je les place dans la septième classe.

De cette manière, il n'y a pas un cépage qui ne puisse se mettre dans l'une ou l'autre de ces 7 classes; car, s'il ne se range pas dans l'une des six premières, il ira forcément à la septième, comme les muscats par exemple.

J'aurai donc sept classes différentes tirées de la forme des feuilles pour chacune des trois grandes divisions prises de la couleur des raisins.

Mais ce ne serait pas assez, et il est à désirer qu'il y en ait davantage. Eh bien! j'adopterai pour chacune de ces sept classes la subdivision de don Clemente de Roxa, prise de la présence ou de l'absence du coton ou des poils sur les feuilles ou en dessous, et je diviserai chacune de ces classes en deux ordres; dans la première, je placerai celles qui n'ont ni duvet ni poils, et qui sont parfaitement glabres; dans le second ordre, celles qui ont ou du duvet ou coton, ou des poils.

Il est vrai que ce duvet est plus abondant quand les feuilles sont jeunes que quand elles ont pris toute leur croissance, mais il est toujours facile d'en remarquer l'existence.

J'aurais pu, au lieu de deux ordres, en faire trois, et distinguer le duvet cotonneux des poils, pour y trouver des ordres différents, mais il m'a semblé qu'il était inutile de suivre Von Gock, et d'adopter la subdivision proposée par lui; mais qu'il suffisait de former quatorze ordres dans chacune des grandes divisions des raisins; j'ai donc mis sans distinction toutes les feuilles qui n'étaient pas glabres dans le second ordre, qu'elles fussent velues ou duveteuses.

Ainsi, voici mes sept classes qui seront doublées, et j'aurai quatorze ordres pour les raisins noirs, quatorze pour les raisins blancs, quatorze pour les raisins de nuances diverses, soit en tout quarante-deux.

Je sais bien qu'il se trouvera quelque cépage placé dans une tribu à feuilles cotonneuses, tandis que d'autres qu'on regarde comme de la même tribu n'ont pas ce caractère; mais ceci a fort peu de gravité. M. le Cte Odart se préoccupe de ce qu'il faudrait séparer le *Meunier* des *Pinots*, auquel il tient sous beaucoup de rapports; quelque déférence que j'aie pour le père de l'ampélographie, je crois que cette objection n'est pas assez sérieuse et assez grave pour renoncer à un moyen de classification rationnel et satisfaisant sous d'autres points de vue.

Il faudra bien aussi cesser de confondre le *cioutat* parmi les *chasselas* et peut-être aussi les *fendants* qu'on veut encore y placer depuis quelque temps. Mais cela ne me paraît pas devoir empêcher d'adopter cette manière de classer les vignes.

Tous les jours, en botanique, on enlève une plante d'un genre ou d'une famille pour la transporter dans un autre genre ou dans une autre famille, et cela sans aucun obstacle; car il ne faut pas s'y méprendre, la classification qu'on fait des plantes n'est autre chose qu'un moyen de les reconnaître plus facilement. On réunit celles qui ont le plus d'analogie; mais si une plante en offre davantage avec d'autres qu'avec celles avec lesquelles on l'avait réunie jusqu'à présent, on peut fort bien la placer dans une autre classe, ordre ou tribu, sans difficulté, ou même la séparer de toute autre et l'isoler.

Je sais qu'il faut ménager les usages reçus et les idées depuis longtemps adoptées, surtout en agriculture; cependant on ne doit pas trop redouter de s'en écarter quelquefois, et c'est sans inconvénient quand cela ne se rencontre pas trop souvent. Du reste, ces petites considérations doivent s'effacer devant le grand résultat qu'on obtiendra en adoptant une classification régulière.

Je crois donc devoir m'arrêter aux 42 ordres de vigne que j'ai indiqués et pris d'abord de la couleur des raisins puis de la forme des feuilles, et enfin de la présence ou abscence du duvet cotonneux et des poils sur ou sous les feuilles.

Il m'a semblé que c'était suffisant et qu'en divisant ainsi les diverses tribus, c'est-à-dire tous les groupes ou familles ayant une analogie incontestable, et en les plaçant dans ces divers ordres, ainsi que les cépages présentant des caractères qui leur sont particuliers, ces familles ou tribus et même ces cépages isolés ne seraient pas trop nombreux dans chaque ordre pour éviter toute confusion, et c'est tout ce qu'il est nécessaire d'obtenir.

J'aurais voulu prendre un caractère de classification dans la forme des graines de raisins, comme l'a fait M. de Secondat, ce qui est fort naturel; d'autant que cette forme, quelle soit ronde ou ovalaire, est assez constante; j'aurais même voulu en prendre un de leur grosseur comme Bosc l'a proposé; mais d'abord, quant à la grosseur, elle varie tellement chaque année, selon que le temps est sec ou pluvieux, et que le terrain est pauvre ou fertile, qu'il est impossible d'y asseoir une base constante, et je m'étonne que Bosc ait indiqué la grosseur des graines pour cela, et surtout qu'il l'ait fixée à 15 milimètres de diamètre.

Je sais bien que les *Pinots* ont les graines moins grosses que l'*Aramon*, et le *Corinthe*, moins que le *Malaga;* je trouverai là une distinction de tribu ou de cépage, mais non pas un caractère de division par classe et par ordre.

Relativement à la forme globuleuse ou ovalaire des graines, il est très-vrai que cette forme se retrouve toujours la même; mais j'ai observé qu'elle est propre à certaines espèces et nullement à toutes celles d'une même tribu.

Ainsi parmi les *Muscats* qui ont la graine ronde, on place le raisin cornichon, qui a la graine la plus allongée que l'on connaisse; et il y en a bien d'autres. Il faudrait donc alors renoncer à former des tribus, comme a fait M. de Secondat qui n'a décrit que des cépages considérés isolément; je n'ai pas cru devoir renoncer à reconnaître les familles, qui existent réellement dans la nature, et il m'a paru plus simple de ne prendre dans la forme des graines qu'une distinction de cépage et non de classification pour la généralité des vignes.

Quant à la forme des grappes, elle est trop variable pour qu'on puisse y trouver un caractère de division; d'autant que dans la même tribu, il se rencontre des cépages dont les grappes sont de formes toutes différentes, elles les ont même souvent sur le même cep.

Il en est de même de toutes les autres particularités qu'on peut remarquer dans les pédoncules et les pétioles, dans le bois, dans les bourgeons, et même dans les fleurs. Toutes ces observations, quelquefois très-minutieuses, qui ont été signalées sur les diverses parties d'un cep de vigne et qui souvent ne peuvent être constatées qu'à l'aide d'un microscope et dans un temps limité, sont trop subtiles pour un viticulteur; il lui faut des distinctions simples, et bien apparentes : celles prises de la forme des feuilles et du duvet cotonneux ou des poils, sont faciles à saisir et j'ai cru devoir m'y borner.

Il est cependant une circonstance importante que j'aurais voulu noter, c'est celle qui est prise de l'époque de la maturité des raisins; elle est particulière à chaque cépage, et non à tous ceux de la même tribu, ainsi dans les *Carmenets* il y a une variété qui mûrit 15 jours après les autres.

Il faut donc renoncer à se servir de l'époque de la maturité pour établir des classes de vignes.

D'après ces diverses observations, je crois devoir me borner à former sept classes dans chacune des trois grandes divisions, soit en tout vingt et une classes, chacune d'elles subdivisée en deux ordres, formant quarante-deux ordres; et je suis convaincu qu'il sera facile de placer dans chacune d'elles toutes les tribus ou familles, dans lesquelles on réunirait tous les cépages ayant une analogie marquée et des caractères communs, pris, autant que possible, d'abord des feuilles, puis des raisins, de leur goût, de leur forme, de leurs qualités, comme aussi de la plante considérée dans son ensemble. C'est ainsi que l'on formerait les tribus ou familles.

Après avoir expliqué les signes caractéristiques de chaque tribu, on indiquerait ceux auxquels on reconnaîtrait chaque cépage de cette tribu; enfin, les distinctions propres aux variétés de tel ou tel cépage, quand il s'en présente qui se rattachent à un cépage.

En opérant de cette manière, il serait possible de réunir dans la même tribu des cépages qui, jusqu'à présent, ont été isolés; ce qui aurait pour résultat de réduire le nombre de ces cépages isolés, et par conséquent de simplifier la nomenclature.

Je joins à mon travail des tables synoptiques où sont tracés ces divers caractères, pris soit des feuilles, soit des raisins, soit des sarments, qui serviront à faire voir tout ce qui peut les différencier.

J'ai cru inutile d'en faire une pour les fleurs, parce que leur apparition est trop fugitive pour qu'on puisse les bien observer, et qu'en viticulture, il faut des choses qu'on puisse vérifier toujours; et d'ailleurs n'a-t-on pas, en botanique, renoncé au système sexuel de Linné, pour adopter celui qui est fondé sur l'observation de la plante dans son entier?

A l'aide de ces tables, il sera facile d'indiquer les traits distinctifs de chaque classe, de chaque ordre, puis des tribus et des cépages en particulier.

Néanmoins, comme les explications laissent toujours quelque incertitude, ce qu'il y a de meilleur, c'est un dessin; mais les représentations des vignes laissent toujours à désirer, surtout celles des feuilles, qui se flétrissent et se contournent alors dans divers sens.

C'est ainsi que dans l'*Ampélographie française* de M. Rendu, on a dessiné très-fidèlement les raisins, mais les feuilles ont été tracées selon l'imagination du dessinateur, qui n'a que bien rarement copié la nature.

J'ai espéré que la photographie rendrait plus fidèlement la nature, et j'ai fait photographier quelques feuilles de diverses formes, afin de rendre évidentes leurs différences, et ici ce n'est pas l'imagination qui les a données, c'est la nature elle-même. C'est sur ces images que j'ai fait dessiner des feuilles que je propose comme types pour chaque classe. Ainsi, il sera facile de savoir, en voyant une feuille, à quelle classe le cep doit appartenir.

1re CLASSE.

Feuilles entières, rondes ou ovales ou cordiformes, ondulées sur les bords, ou à petite dentelure.

PINOT DE PERNANT.

2me CLASSE.

Feuilles entières, à dentelure plus ou moins grande : 2 types

1° **MUSCADELLE.**

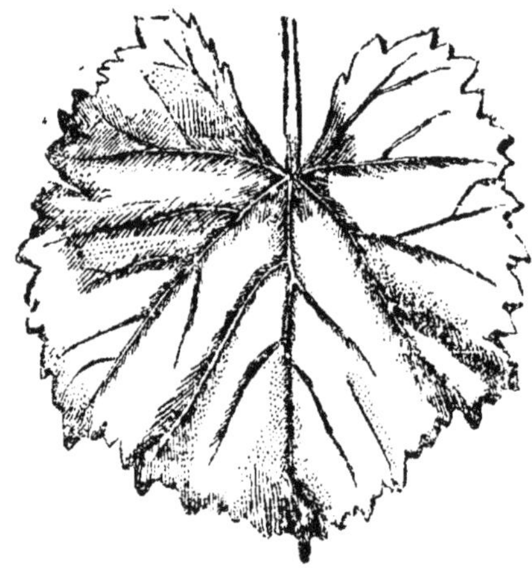

2° SAUVIGNON BLANC.

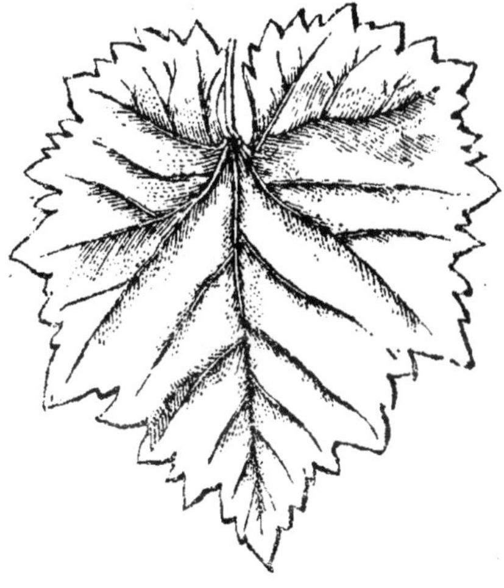

3me CLASSE.

Feuilles à trois lobes écartés ou formés par un renflement de chaque côté, arrondi ou pointu : 1 type.

ISABELLE D'AMÉRIQUE.

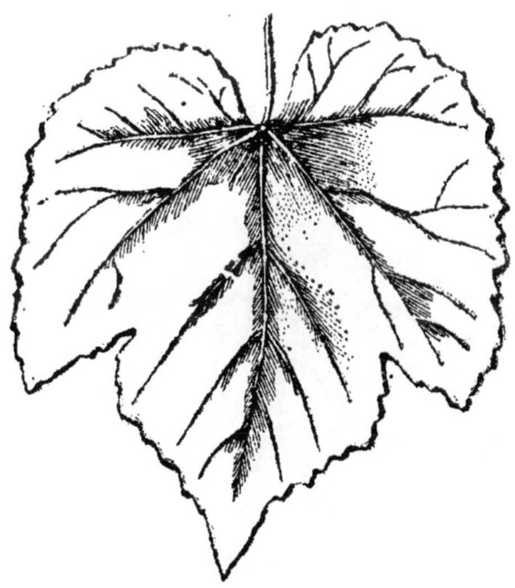

4me CLASSE.

Feuilles à trois lobes formés par une fente ou sinus : 2 types.

3 lobes écartés.

1° MERLEAU.

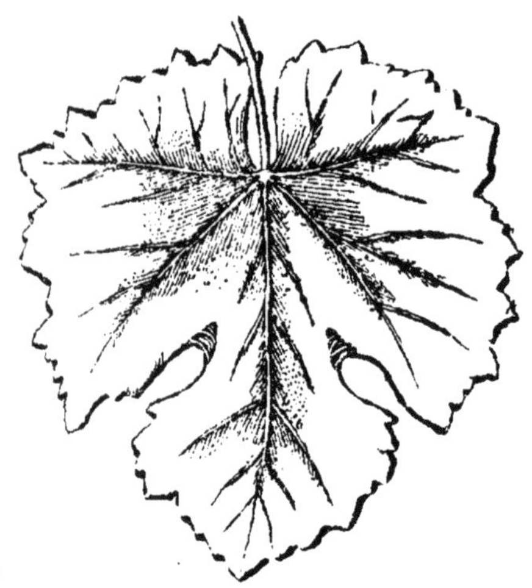

3 lobes formés par un sinus ou fente et rapprochés.

2° MÉRILLE

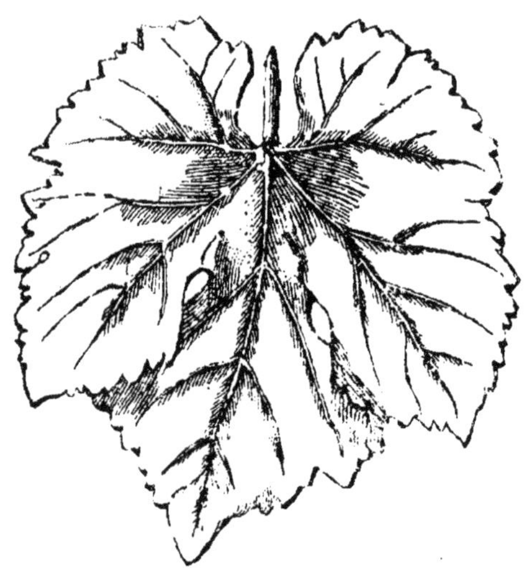

5me CLASSE.

Feuilles à cinq lobes : 3 types.

1° 5 lobes séparés par de larges ouvertures.

ENRAGEAT.

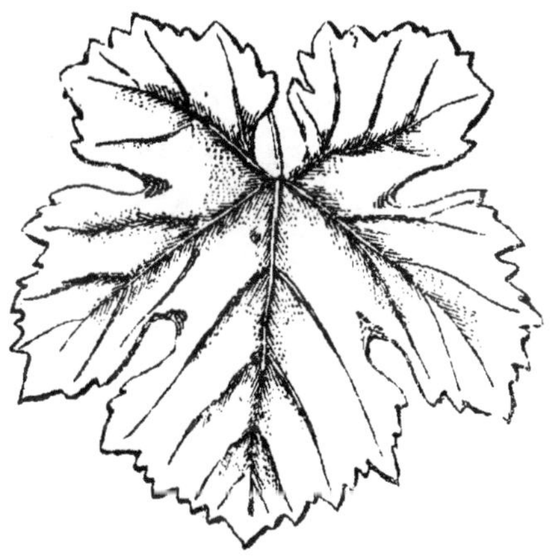

2° 5 lobes se rejoignant.

CHASSELAS.

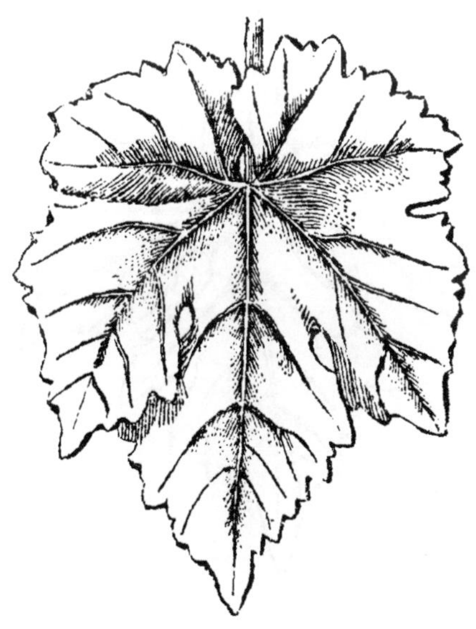

3° 5 lobes se recouvrant en partie et laissant au fond un trou rond ou triangulaire.

CARMENET-SAUVIGNON.

6me CLASSE.

Feuilles très-découpées, à cinq lobes subdivisés ou laciniés : 2 types.

1° Feuilles très-découpées.

PIQUE-POULE ROSE

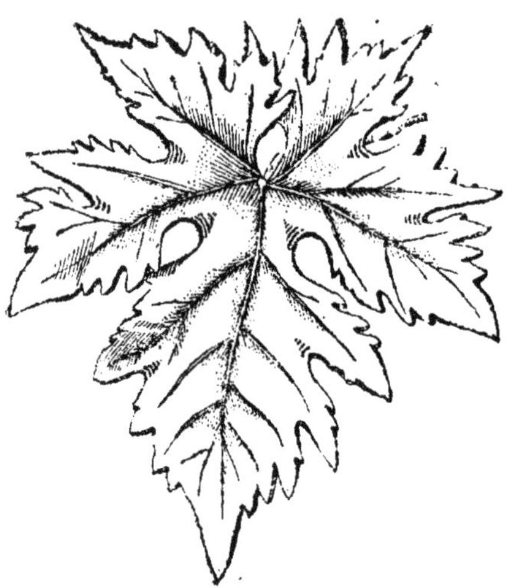

2e Feuilles laciniées.

CIOUTAT ou PERSILLADE.

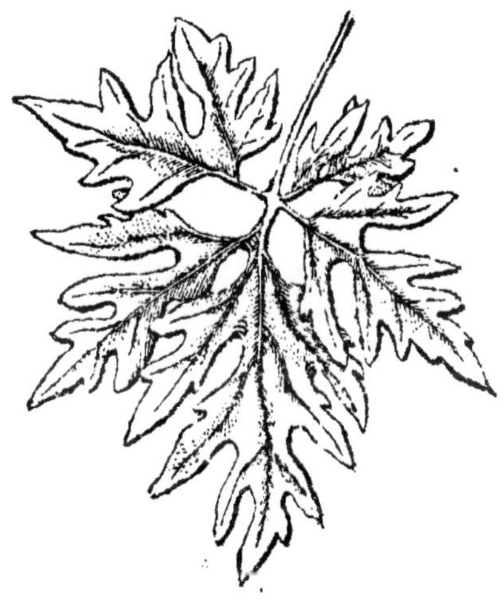

VII.

Si le plan que je viens d'exposer était adopté, j'ai la conviction qu'il aurait pour résultat de mettre un terme à la confusion qui existe relativement à la vigne, et, par suite, de faire faire un pas immense dans la connaissance et dans le perfectionnement de sa culture.

L'exécution n'en serait pas aussi difficile qu'on l'a cru jusqu'à présent, je crois l'avoir démontré, surtout en divisant les vignes selon la classification dont j'ai expliqué les bases.

Mais il serait indispensable d'obtenir du Ministre de l'agriculture, du commerce et des travaux publics, qu'il instituât une commission centrale de la synonymie des vignes, à Paris, ou bien qu'on formât une section particulière de viticulture à la Société impériale d'agriculture, à laquelle seraient appelés certains viticulteurs pris dans les départements où l'on cultive cet arbuste avec succès, et que cette commission ou section pût exiger des Sociétés d'agriculture des départements leur concours, pour obtenir qu'elles dressassent un état des divers noms que reçoivent toutes les espèces de vignes dans chaque commune, soit au moyen des comices d'arrondissement et de canton, soit en faisant appel aux viticulteurs dévoués et instruits (et il n'est pas permis de douter que la plupart ne répondissent à cet appel); de sorte qu'on aurait bientôt tous les documents relatifs à chaque département, à la Corse et à l'Algérie.

Alors une commission spéciale serait chargée de les réunir et de dresser une nomenclature générale de toutes les vignes connues de la France, de la Corse et de l'Algérie, et dût cette commission, se transporter auprès des collections de vignes existantes pour rectifier son travail, il n'est pas permis de douter qu'elle parviendrait à publier une nomenclature sinon parfaite, au moins approchant de la perfection.

Dans la conviction où je suis que l'appui du Congrès serait à cet égard d'une très-grande efficacité, je viens réclamer cet appui, et je ne puis douter que notre Gouvernement, qui se montre dans toutes les circonstances si désireux de favoriser le développement de la science comme des pratiques agricoles, ne répondît à un vœu exprimé par le Congrès sur ce point.

Si ce vœu était exaucé, nous aurions la certitude de voir bientôt la viticulture prendre, en France, un essor tout nouveau, et de voir commencer une ère nouvelle relativement à la connaissance particulière des espèces de cette plante si précieuse, qui semble cependant rester en arrière du progrès général dont nous voyons le magnifique développement.

1° TABLE SYNOPTIQUE

des caractères distinctifs des classes et des ordres.

1° Trois grandes divisions prises de la couleur des raisins :
- 1re, Raisins noirs.
- 2me, Raisins blancs.
- 3me, Raisins de couleurs diverses.

2° Sept classes, prises de la forme des feuilles ;

3° Quatorze ordres, pris deux dans chaque classe, selon que les feuilles sont glabres ou cotonneuses.

		Classes.	Ordres.
FORME DES FEUILLES	Entières.	1re Rondes, ovales ou cordiformes ondulées ou à petites dents.	1er Glabres.
			2e Cotonneuses ou duveteuses.
		2e A dents plus ou moins grandes.	3e Glabres.
			4e Cotonneuses ou duveteuses.
	A 3 lobes.	3e A trois lobes ouverts et séparés.	5e Glabres.
			6e Cotonneuses ou duveteuses.
		4e A trois lobes marqués par une échancrure ou sinus.	7e Glabres.
			8e Cotonneuses ou duveteuses.
	A 5 lobes.	5e A cinq lobes, indiqués par des divisions à dents médiocres.	9e Glabres.
			10e Cotonneuses ou duveteuses.
		6e A cinq lobes à grandes dents, subdivisés ou laciniés.	11e Glabres.
			12e Cotonneuses ou duveteuses.
	De formes multiples.	7e Feuilles de formes multiples.	13e Glabres.
			14e Cotonneuses ou duveteuses.

2e TABLE SYNOPTIQUE

des caractères propres à distinguer les tribus et cépages.

SUITE DES FEUILLES

GRANDEUR	Très-grandes.	Plus larges que longues.
	Moyennes.	Aussi larges que longues.
	Petites.	Plus longues que larges.
FORME	Entières.	1º Ondulées sur les bords. 2º A petites dents, à grandes dents, à trois dents plus longues.
	A trois lobes.	Les trois lobes ouverts et écartés ou rapprochés, divisés par une échancrure à petites ou grandes dents.
	A cinq lobes ou laciniées.	A cinq lobes indiqués par des divisions à dents médiocres, à grandes dents ou laciniées.
SURFACE SUPÉRIEURE.	Luisante. Unie. Rugueuse. Tachée. Bosselée.	De couleur blanchâtre. Vert-clair, jaunâtre. Vert foncé, rougeâtre. Rouge-brun.
SURFACE INFÉRIEURE.	1º Cotonneuse ou velue.	Très-cotonneuse ou peu, à duvet tenace ou non.
	2º Glabre.	A poils sur toute la feuille ou sur les nervures.
FILETS ET NERVURES.	Dessus.	Verts, blanchâtres, rouges, rougeâtres.
	Dessous.	Saillants. Peu saillants. — Vert-jaunâtres. Rougeâtres. Rouges.
FEUILLES NAISSANTES.	Couleur.	Vert-jaunâtre ou rosé. Vert foncé, vert-rouge ou rosé. A bords rouge-clair ou foncé.
FEUILLES TOMBANTES.	Couleur.	Rousses, jaunes. Roux foncé. Rouges sur les bords. — Se contournant. Se roulant.
PÉTIOLES	Longs.	Gros. Minces. — Verts. Jaunâtres. Rougeâtres. Rouges. Bruns. — Striés de filets roses, rouges, bruns.
	Courts.	Gros. Minces.

3° TABLE SYNOPTIQUE DES RAISINS

- **Grains.**
  - Couleur des grains formant les trois grandes divisions des vignes.
    - Noirs.
      - Noirs.
      - Noir-bleu.
      - Noir-violet, avec pruine ou poussière blanche.
      - Sans pruine.
    - Blancs.
      - Verts.
      - Vert-jaunâtre.
      - Jaune-verdâtre.
      - Jaune-doré.
      - Roux.
      - Roux-foncé.
      - Pointillés de brun.
    - De couleurs diverses.
      - Roses.
      - Rouge-clair.
      - Rouge-foncé.
      - Gris.
      - Rayés de gris.
      - Rayés de blanc.
      - Rayés de rose.
      - De couleur variée.
  - Leur forme.
    - Ronde en boule.
    - Oblongue ou ovalaire.
    - Ovoïde.
    - Très-longue.
  - Leur peau. Épaisseur et saveur.
    - Son épaisseur.
      - Très-épaisse.
      - Moins épaisse.
      - Fine.
      - Très-fine.
    - Sa saveur.
      - Très-âpre.
      - Moins âpre
      - Très-acide.
      - Moins acide.
      - Douce.
      - Savoureuse.
      - Insipide.
      - Parfumée.
      - Musquée.

RAISINS (*suite.*)

- **Grains...... (*suite.*)**
  - Intérieur.
    - Charnu et ferme.
    - Moins charnu.
    - Juteux, — très-juteux.
  - Pepins.
    - Un.
    - Deux.
    - Trois ou quatre
      - Longs et minces.
      - Courts et gros.
      - Moyens.
  - Époque de la maturité.
    - Très-précoce
    - Précoce.
    - Moyenne.
    - Tardive.
    - Très-tardive.
- **Grappes......**
  - Dimensions.
    - Petites.
    - Moyennes.
    - Grandes.
    - Très-grandes.
  - Leur forme.
    - Rondes, globuleuses.
    - Ovoïdes.
    - Cylindriques.
    - Coniques.
    - Branchues.
    - Irrégulières.
- **Pédoncules (tiges des raisins).**
  - Longueur.
    - Longs.
    - Moyens.
    - Courts.
    - Très-courts.
      - Vert-clair.
      - Vert-foncé.
      - Bruns.
      - Brun-rouge.
      - Rouge vif.
  - Grosseur.
    - Très-gros.
    - Gros, moyens.
    - Minces.
    - Très-minces.
- **Pédicelles (petites tiges des grains).**
  - Couleur.
    - Vert-clair.
    - Vert-foncé.
    - Bruns.
    - Brun-rouge.
    - Rouge-vif.
  - Forme.
    - Simples.
    - Bifurqués.
    - Ramifiés.
    - Très-serrés.
    - Lâches et espacés.

4° TABLE SYNOPTIQUE

des caractères propres à distinguer les tribus et cépages.

SARMENTS.

- **Leur direction.**
  - Droits.
  - Horizontaux.
  - Rampants.
- **Grosseur** en proportion de leur longueur.
  - Gros.
  - Moyens.
  - Minces.
- **Noeuds**............
  - Leur grosseur.
    - Gros.
    - Moyens.
    - Petits.
      - Très-rapprochés.
      - Plus éloignés.
      - Très-éloignés.
  - Leur forme.
    - Arrondis.
    - Pointus.
    - Applatis.
- **Couleur du bois.**
  - Lors de la pousse.
    - Vert-clair, vert-jaunâtre.
    - Vert-rosé.
    - Rose, roux, rouge.
  - Quand le bois est mûr.
    - Gris-jaunâtre.
    - Roux-jaunâtre.
    - Rougeâtre.
    - Roux-brun.
    - Roux-grisâtre.
    - Roux-violacé.
- **Bourgeons**........
  - Cotonneux.
    - Très-cotonneux.
    - Un peu moins.
    - Fort peu.
  - A écailles.
    - Brunes.
    - Rousses.
    - Pâles.
    - Blanches.
- **Époque de la pousse.**
  - Hâtive.
  - Moyenne.
  - Tardive.

SARMENTS (*suite.*)

<table>
<tr><td rowspan="3">Production.......</td><td rowspan="2">1° Uniquement sur le bois nouveau.</td><td colspan="2">Produisant sur tous les boutons.</td></tr>
<tr><td colspan="2">Ne produisant que fort peu sur les premiers yeux des branches, à leur base.</td></tr>
<tr><td>2° Produisant sur le vieux bois et sur tous les yeux.</td><td colspan="2"></td></tr>
<tr><td rowspan="2">Vrilles............</td><td>Des sarments.</td><td>Petites.
Moyennes.
Très-grandes.</td><td>Simples.
Branchues.</td></tr>
<tr><td>Des raisins.</td><td>Petites.
Moyennes.
Très-grandes.</td><td>Simples.
Branchues.</td></tr>
</table>

www.ingramcontent.com/pod-product-compliance
Ingram Content Group UK Ltd.
Pitfield, Milton Keynes, MK11 3LW, UK
UKHW021026180726
13838UKWH00004B/1628

9 782329 386997